U0186326

地球不能没有动物 生生不息

地球不能没有

老虎

林育真 / 著

山东教育出版社·济南

威风凛凛出场了

我就是"山林之王"——老虎，看我多么威风凛凛！人类公认我们是力量、勇猛和威严的象征。我们生活在山林地带，是食肉动物中的顶级猎手。

一只身手矫健的大老虎，正风驰电掣地奔跑在北方温带山林的冬季雪地上。

生活在南方热带山林中的老虎，一年四季都可以藏身于茂密的丛林中。

我们目光炯炯，"虎视眈眈"，因为两眼上方各有一片白色斑纹，好似京剧的吊眼妆容，因此自古以来人们称我们"吊睛白额虎"。

家族与分布

地球上的野生老虎全部生活在亚洲的山林地区。

我们家猫和老虎算是"表亲"。别看我们的个头小，论爬树本领，老虎比我们差远了。

你们人类管大虎和小虎都叫"老虎"。即使我们刚出生，也被叫作"小老虎"。

科学家说，全世界只有一种老虎。可是，动物园里的老虎却有"东北虎""华南虎""孟加拉虎"等不同的名称，这是怎么回事呢？

所有的老虎都属于同一种"虎"，有共同的遗传基因。但不同地区的老虎形态与习性又有差别，成为老虎的不同支系，也就是"虎亚种"。

虎亚种

老虎分布在不同地区，由于长期受所在地区环境的影响，不同的族群在体形大小、体毛厚薄、毛色及斑纹等方面有所差异。这样的群就被称为虎亚种。老虎共有9个亚种：东北虎、华南虎、孟加拉虎、苏门答腊虎、印支虎、马来虎、里海虎、爪哇虎、巴厘虎。其中，里海虎、爪哇虎和巴厘虎已经灭绝了。

东北虎

　　东北虎又叫西伯利亚虎，分布于亚洲东北部，是地球上现存体形最大的虎亚种。雄虎体长（不含尾巴）达 2 米，体重约 190 千克。有纪录的最大的东北虎体长达 2.5 米，重 320 千克。

天冷倒不在乎，就怕猎物难找！

华南虎

　　华南虎又叫中国虎，是我国特有的虎亚种。华南虎在中国曾经分布广泛，但在 20 世纪 50—60 年代却被人们错当"害兽"而遭到了毁灭性捕杀。自 1990 年以来野生华南虎已经绝迹。

孟加拉虎

　　孟加拉虎又叫印度虎，主要分布于印度和孟加拉国，是目前世界上数量最多、分布最广的虎亚种。雄虎体长接近 2 米，体重 160 — 270 千克，头部条纹较密，黑色的耳朵背面的白色斑块很是醒目。

看看我们的秘密武器

我们老虎是自然界最凶猛的动物之一。我们的头部又大又圆，四肢粗壮有力，尾巴又粗又长，橘黄色的身上布满黑色斑纹。花斑皮毛是极好的"迷彩服"，帮助我们巧妙地隐藏在林木和草丛中，伺机对猎物发起突然袭击。

穷追围堵是狮子们的
捕猎方式。打埋伏，
搞突袭，才是我们老
虎的制胜法宝。

利爪和尖齿是我们最厉害的武器。看，我们的爪子像钢刀一样，只需用脚爪猛击一下，猎物就可能被打昏了。虎爪和猫爪一样，能伸能缩，用时伸出，不用时缩回，既不会过度磨损，走路时又悄无声息。

◀ 老虎的前足是五趾爪，后足是四趾爪。足端的利爪最长可达 10 厘米。

▲ 野生老虎即使在休息时也很警觉，它们的眼睛紧盯着前方，只要有点儿动静，就会把利爪伸出来。

▶ 由人工圈养的老虎睡觉时全身放松，足端的利爪完全缩回去了。

我们的上下颚共长有四颗獠牙（就是上、下犬齿），又尖又粗，位置交错。我们的獠牙是陆地猛兽中最长的，就像4把大匕首。利用它们，我们既能轻松刺穿猎物的身体，也能迅速将猎物撕碎。

▲ 成年老虎犬齿长达6.4~7.6厘米，能深深刺入猎物的要害部位。

▲ 老虎的獠牙甚至能咬碎猎物的脊椎骨。

▶ 右图是剑齿虎的复原图像。剑齿虎是生活在距今300万年至1万年的大型猫科猛兽，它们有长达12厘米的上犬齿，好像两把利剑。地球上的剑齿虎已经灭绝。

我们除了有尖牙利齿，舌头也很特别，舌面上生有许多又尖又硬的舌刺，就像一把"刮刀"。

我们的舌头像钢丝刷，可以把猎物骨头上的碎肉刮得干干净净。

舌头也是我们保养皮毛、清洁身体的重要工具。

我们的眼睛在夜间会发出黄绿色的光芒，远远看去，就像一对游走的"绿灯笼"。

"虎视眈眈"这个成语就是形容老虎伺机捕猎时的那种贪婪而专注的眼神。

我们的眼睛有奇特的夜视能力，在夜间的视力比人眼强5倍，能够清晰地分辨出猎物所在之处及其要害部位。

独来独往的捕猎高手

我们属于大型猫科掠食兽，生性凶猛，捕猎技巧高超。我们个头大食量也大，一只成年饿虎一顿就能吃掉 30 千克肉，而且一周至少要饱餐两顿，才能维持生理需求。

掠食兽

在以食肉为生的兽类中，那些以猎捕鲜活动物为食的兽类就是掠食兽，如老虎、狮子等。另外，还有些食肉兽以捡食腐尸为生，它们是食腐动物，如斑鬣狗。

成年老虎一般单独生活，每只老虎只有占领属于自己的地盘，才能获得足够的猎物。野生老虎的寿命一般在 10 到 15 岁，它们捕获猎物并不容易。

老虎属于山林动物。野生老虎会寻找有山有林、有水有泉、有足够多猎物且人迹罕至的地方作为家园。

　　我们是"夜猫子"，白天躺在窝里养精蓄锐，到了晚上就精力充沛地四处捕猎。野猪、野鹿、狍子、野牛、野羊和猴子等都是我们喜欢的猎物。

有经验的猎人都知道，野生老虎是没有固定的"家"的。老虎为什么常要"搬家挪窝"呢？因为各种野兽都很害怕老虎，它们一旦发现老虎的踪迹或听到虎啸声，就会立刻逃跑。为了吃饱肚子，老虎必须随时跟踪猎物移居他处。

别出声，蹑足潜行！
沉住气，出奇制胜！
捕猎要有绝招哦。

◀ 老虎虽是"山林之王"，填饱肚子却并不容易。老虎每10次捕猎行动中，能成功一次就算运气好。你看，左图中这只老虎，它的肚子饿得瘪瘪的。

古语云"一山不容二虎"。我们生性独来独往，要独立占据一大片山林，并严防死守；尤其是雄虎，绝不允许别的雄虎闯入自己的地盘，否则就会立即爆发激烈的"虎斗"。

▲ 老虎会用抓挠树干的办法，留下自己的气味作为标记，气味留的位置越高，扩散得越远。

这是我的地盘，外来者严禁入内！

▲ 虎大王正在巡查领地，它在领地边界用尿液做气味标记。

◀ 还真有闯入者。来者不善，必有一战。

奇怪，图中的3只老虎竟然能和平共处！原来，这是3只尚未成年的虎兄虎弟，它们还未形成"独霸"的习性。而已经成年的老虎从不一起捕猎，更不会分享食物。

这是飞一样的感觉！

"虎落平阳被犬欺"这话有道理，我们只有在山林里才能施展隐蔽突袭、腾挪纵跃的功夫。你知道吗，在高低起伏的山岭地带，我们连跑带跳，奔跑 100 米只需 5 秒，比人类世界短跑冠军快多了。

— 上图中这只老虎正在一片山间低地急速奔驰，它需要到植被茂盛的地方捕猎。植被稀疏的地方，老虎难以找到遮蔽物打埋伏，捕不到猎物就会挨饿。

可惜我们奔跑的耐力并不持久，难以长时间追捕猎物，所以埋伏突袭才是最适合我们的捕猎方式。

我们不善爬树，但游泳的本领特别好，能横渡大江大河。水对我们来说太重要了，生活在热带的老虎每天要到水里凉快好几次，北方的老虎每天也要到水边饮水。因此，我们会选择有水源的山林生活。

▲ 一只孟加拉虎正在安心地低头喝水，它很强悍，并不担心会有别的动物趁机偷袭。

◀ 老虎天生会游泳，涉水过河不在话下。

◀ 老虎身上缺少汗腺，不利于散热，所以戏水泡澡是它们的一大爱好。生活在热带和亚热带丛林中的老虎尤其爱水。左图中两只未成年的老虎正在水塘边嬉戏。

20 世纪中期，人们在印度发现并捕获了一只野生孟加拉虎的白化变种。这只变种老虎身上的毛发变成了白底褐纹，这一发现引起了世界轰动。后来通过人工繁育，世界上现有的几百只白虎全都是它的后代。

孟加拉虎白化变种，即民间所谓的"白虎"
至今人们只发现孟加拉虎有白化变种。

养育宝宝

性情孤僻的老虎平日里互不来往。只有在繁殖期，雌虎和雄虎才会在一起待几天，之后便又回到各自的领地。以后怀胎、生育和养育幼虎的责任全由雌虎承担。

▶ 当雌虎发出一种特别响亮的求偶吼叫声——"虎啸"时，就是在告诉雄虎："我准备好当妈妈了！"

◀ 邻近地区的成年雄虎听到雌虎的吼叫声，会以尿液气味向对方发送信息并跑去和雌虎会面。

新生的虎崽长约30厘米，体重不足1千克。幼虎完全依靠老虎妈妈哺喂和照管。一有风吹草动或异常气味，老虎妈妈会立即叼住幼崽，转移住处，以确保幼崽的安全。

图中这只老虎妈妈一胎生了三只幼虎。

凶猛的母虎却是慈爱的好妈妈。起初，老虎妈妈用乳汁哺育幼虎，五六个月后，老虎妈妈外出捕猎带回肉食喂养幼虎。等幼虎再长大一些，老虎妈妈会带它们到野外，通过亲自示范，教授幼虎猎食的本领。幼虎长到三四岁就能离开妈妈独立生活。

一只虎妈妈和它的一对幼虎。

别看我才半岁多，我的犬齿已经很锋利了！

天敌和危机

作为"山林之王"的老虎在自然界几乎没有天敌，人类才是它们最危险的敌人。一些人愚昧地认为，老虎身上的多种器官有"益寿延年"的功用，对虎制品的需求和买卖，使老虎家族遭到了灭顶之灾。

尽管野生老虎受到法律保护，但野生动物保护机构每年依然能从盗猎者手中缴获大量珍贵的虎皮。

老虎家族曾经繁荣昌盛，一脉九支（指1个物种有9个亚种），广泛分布于亚洲各地。但由于人类的贪婪，老虎既面临生存环境被严重破坏的困境，又遭到偷猎者的猎杀。

老虎分布区变化图

大约在100年前，老虎的分布区广阔且连成片，然而从20世纪以来，地球上现存的6个亚种的老虎分布区域严重缩减，呈碎片化分布，老虎处于极度濒危的局面。

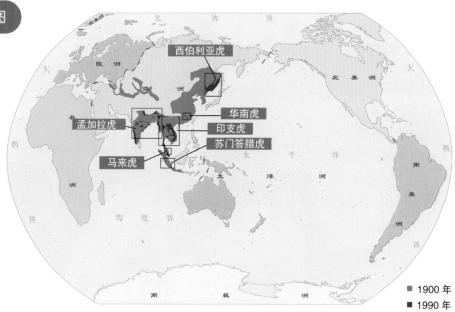

西伯利亚虎
华南虎
孟加拉虎
印支虎
苏门答腊虎
马来虎

■ 1900 年
■ 1990 年

　　由人类圈养的老虎吃喝不愁，因此会逐渐丧失捕食技能。尤其是在动物园出生的老虎，从小没有受过老虎妈妈的训练与教导，缺乏猎食的意识和技能。老虎野化训练是一门科学，必须从幼虎开始着手，已经在动物园"养尊处优"惯了的成年老虎难以再野化。

人工养大的老虎不通过科学野化训练，放归野外后难以存活。

野生老虎和鹿是捕猎者与猎物的关系。山林中林木丛生，视野不开阔，老虎会埋伏突袭，鹿会隐蔽躲藏，它们在生死存亡之争中，比拼的是听觉和嗅觉的灵敏度。

老虎既是地球上大型猛兽的代表，也是亚洲"虎文化"的象征。老虎能否继续存在和繁衍，就看人类怎样去保护它们了。我们每一个人都应当拒绝虎制品买卖，留给老虎足够的生活空间，让"超级大猫"老虎，与人类一起共享这个美好的世界。

保护老虎首先要保护老虎的栖息环境。只有设立适宜老虎生存的自然保护区，并运用法律进行严格周密的保护，才能逐步缓解老虎濒危的局面。

亲爱的小朋友们，我是科普奶奶林育真，如果你们有关于动物生态的问题，找我就对了！

很高兴认识你们！这套《地球不能没有动物》系列科普书是我专门为小朋友创作的"科"字当头的动物科普书，尽力融科学性、知识性和趣味性为一体。

全方位展现野生动物世界。

读完这本书，希望你至少记住以下科学知识点：

1. 老虎身强体壮、牙尖爪利、身手敏捷，是令百兽闻风丧胆的"山林之王"。

2. 老虎一般生活在隐蔽条件好的山林里，捕猎时善用埋伏突袭的战术。

3. 作为食肉兽，老虎块头大胃口也大，需要足够的生存空间，每只成年老虎都会独霸一片山林。

4. 老虎是亚洲"虎文化"的象征，是拥有相关成语较多的动物之一，如"虎虎生威""虎踞龙盘"等。但是，现在野生老虎已不足 4000 只，处于严重濒危的境地。

我国是全球 13 个野生虎分布国之一，保护老虎是我们义不容辞的责任。我们应该做到：

1. 认识老虎，了解老虎，懂得保护老虎的重要意义。

2. 每年 7 月 29 日是世界老虎日，我们应该在同学和亲友中，呼吁严禁残害、猎杀老虎！

3. 到动物园要遵守规则，善待老虎，不乱投喂食物，不恐吓老虎。

图书在版编目（CIP）数据

地球不能没有老虎 / 林育真著 . —济南 : 山东教育
出版社，2022
　　（地球不能没有动物 . 生生不息）
　　ISBN 978-7-5701-2212-7

　　Ⅰ . ①地… Ⅱ . ①林… Ⅲ . ①虎 – 少儿读物
Ⅳ . ① Q959.838-49

中国版本图书馆 CIP 数据核字（2022）第 124860 号

责任编辑：周易之　顾思嘉　李　国
责任校对：任军芳　刘　园
装帧设计：儿童洁　东道书艺图文设计部
内文插图：小 O 快跑　李　勇

地球不能没有老虎
DIQIU BU NENG MEIYOU LAOHU

林育真　著

没有哪个孩子不对 **自然** 着迷！

地球不能没有老虎

书里的知识靠谱吗？

书中的知识来自作者的知识积累和权威研究资料，不是泛泛而谈！像大袋鼠妈妈的"滞育"能力、大象的"次声收纳器"、企鹅的"脚掌防冻特异功能"等冷知识，可不是所有科普书都有的哦！讲得出花样之前，我们先做到经得起推敲！

这套书好玩吗？

本书用轻松幽默的语言讲知识点，还穿插了动物们好玩的"内心独白"。书后用搞笑的科普漫画总结了全书知识点，还赠送垃圾分类、食物链等主题的游戏贴纸，将边玩边学进行到底！

读完这本书，你要努力记住书中要点：

1. 地球上所有野生老虎都生活在亚洲山林地带。
2. 嘴里四颗尖锐长牙是老虎捕食的利器。
3. 老虎凶猛异常，养育虎崽的母虎却是慈爱的妈妈。
4. 老虎生性独来独往，惯于夜间捕猎。